考える力がつく！100マス計算

本書は、基礎計算を習熟する学習法として60年以上取り組まれてきた「100マス計算」に、「思考力」をきたえる算数パズル問題を組み合わせて考える力がつくようにしました。

単純な計算問題に留まらない問題を収録したので、たし算の100マス計算であってもひき算をすることが求められたり、時計を読むことを求められたりと、複数の算数的処理を行うことになります。そうすることで、脳の活性化をうながし、「考える力」がつくことを目指しました。

ただし、100マス計算は基礎計算の習熟法として作られたメソッドです。その100マス計算の本来の考え方から外れないよう、以下の決まりをもって制作いたしました。

① 「100マス計算」を必ず解く（または、それに準ずる）
② 基礎計算の延長にある、たしかめ算や筆算をする力を伸ばし、通常と同じかそれ以上の回数計算できる
③ 算数的思考が、いくつも起きる問題にする

本書を活用することで、基礎計算をもっとがんばりたい子から「考える力」をつけたい子まで、すべての子どもたちに算数をもっと好きになってもらえれば幸いです。

JN090402

★初級レベル

対象：「たし算・ひき算」ができる（小学校低学年〜）
内容：数字や計算、時計などと親しむことで、算数的思考をし、授業でも役立つ楽しい問題を収録。

★中級レベル

対象：「たし算・ひき算・かけ算」ができる（小学校2年〜）
内容：基礎計算をいくつか用いて、いろいろな算数的思考をし、少し考え方を変える必要がある問題も収録。

★上級レベル

対象：2けたの「たし算・ひき算・かけ算」ができる（小学校中・高学年〜）
内容：答えが200までの2けたの計算を用いて、いくつかの算数的思考をし、解き方を考えることで、裏道があるような問題も収録。

（おまけとして、分数の問題も収録）

◎巻末に、各問題のヒントつき！

各ドリルの巻末には、問題を解くためのヒントがまとめられています。答えとは別に保管しておくとよいです。

100 マス計算のルール

① 1枚ずつはぎ取り、名前と日づけをかきます。

② 上に並んでいる「横の列」の数と、左右に並んでいる「たての列」の数を順に計算します。
（右ききの場合は左横の数字を、左ききの場合は右横の数字を見て計算しましょう）
1列目横からはじめて、そのまま横に進みます。

③ 1列目が終わったら、下の列も同じように計算していきます。

④ 全部計算できたら、答え合わせをしましょう。
（本書ではタイムの計測はせず、できたかどうかを重視します）

右きき用　↓ ＋、－、×の記号を見て、演算を決定しましょう。↓　左きき用

＋	2	8	3	7	4	9	1	5	10	6	＋
2	4	10 →						←	12	8	2
7	⎣2+2⎦								⎣2+6⎦		7
4											4
9											9
5											5
1											1
8											8
3											3
6											6
10											10

－	15	20	11	13	16	12	19	17	18	14	－
6	9	14 →						←	12	8	6
	⎣15-6⎦								⎣14-6⎦		

×	5	10	1	3	6	2	9	7	8	4	×
6	30	60 →						←	48	24	6
	⎣6×5⎦								⎣6×4⎦		

がんばり表

本書を取り組んだ日づけを、この表にも記入しましょう。

タイトル	月 日	タイトル	月 日
100 マス計算 ①	月　日	プラスワン 100 マス ①	月　日
100 マス計算 ②	月　日	プラスワン 100 マス ②	月　日
100 マス計算 ③	月　日	プラスワン 100 マス ③	月　日
100 マス計算 ④	月　日	プラスワン 100 マス ④	月　日
100 マス計算 ⑤	月　日	プラスワン 100 マス ⑤	月　日
ダウト 100 マス ①	月　日	クロック 60 マス ①	月　日
ダウト 100 マス ②	月　日	クロック 60 マス ②	月　日
ダウト 100 マス ③	月　日	クロック 60 マス ③	月　日
ダウト 100 マス ④	月　日	クロック 60 マス ④	月　日
ダウト 100 マス ⑤	月　日	クロック 60 マス ⑤	月　日
ブランク 100 マス ①	月　日	スクリーン 100 マス ①	月　日
ブランク 100 マス ②	月　日	スクリーン 100 マス ②	月　日
ブランク 100 マス ③	月　日	スクリーン 100 マス ③	月　日
ブランク 100 マス ④	月　日	スクリーン 100 マス ④	月　日
ブランク 100 マス ⑤	月　日	スクリーン 100 マス ⑤	月　日
アニマル 100 マス ①	月　日	リサーチ 100 マス ①	月　日
アニマル 100 マス ②	月　日	リサーチ 100 マス ②	月　日
アニマル 100 マス ③	月　日	リサーチ 100 マス ③	月　日
アニマル 100 マス ④	月　日	リサーチ 100 マス ④	月　日
アニマル 100 マス ⑤	月　日	リサーチ 100 マス ⑤	月　日

100 マス計算 ①

つぎのマス計算をといて、
「100 マス計算」のルールに
なれましょう。

マス計算のルールは、巻頭の
2 ページ目のルールをかくにん
してください。

→横の列

↓たての列

+	1	10	6	8	2	7	4	3	9	5	+
6											6
10											10
4											4
2											2
8											8
5											5
7											7
9											9
3											3
1											1

100 マス計算 ②

つぎのマス計算をといて、
「100 マス計算」のルールに
なれましょう。
　マス計算のルールは、巻頭の
2 ページ目のルールをかくにん
してください。

+	3	6	1	8	4	9	5	10	7	2	+
3											3
7											7
2											2
9											9
4											4
1											1
10											10
5											5
8											8
6											6

100 マス計算 ③

つぎのマス計算をといて、
「100 マス計算」のルールに
なれましょう。
　マス計算のルールは、巻頭の
2 ページ目のルールをかくにん
してください。

―	17	12	19	11	15	14	18	10	13	16	―
8											8
10											10
3											3
6											6
5											5
2											2
9											9
1											1
7											7
4											4

100 マス計算 ④

つぎのマス計算をといて、
「100 マス計算」のルールに
なれましょう。
　マス計算のルールは、巻頭の
2 ページ目のルールをかくにん
してください。

―	15	19	13	11	18	12	17	20	14	16	―
6											6
10											10
4											4
9											9
5											5
2											2
7											7
3											3
8											8
1											1

100 マス計算 ⑤

つぎのマス計算をといて、
「100 マス計算」のルールに
なれましょう。
　マス計算のルールは、巻頭の
2 ページ目のルールをかくにん
してください。

×	7	3	10	1	8	4	2	9	5	6	×
8											8
5											5
2											2
4											4
1											1
9											9
7											7
10											10
3											3
6											6

ダウト 100 マス ①

この「100マス計算」には、答えが書かれていますが、答えの数がまちがえているものがまざっています。

まちがえている答えを見つけて、その数字を〇でかこみましょう。

+	4	6	2	8	5	1	9	10	3	7	+
4	8	10	7	12	9	5	13	14	7	12	4
8	12	14	10	16	13	9	17	18	11	15	8
2	5	8	4	10	7	3	11	12	5	9	2
6	10	12	8	14	12	7	15	16	9	13	6
3	7	9	5	12	8	4	11	13	6	10	3
1	5	7	3	9	6	2	10	11	4	8	1
10	14	16	12	18	15	11	19	20	13	17	10
5	9	11	7	14	10	6	14	15	8	12	5
7	11	13	9	16	11	8	16	17	10	14	7
9	13	15	12	17	14	10	18	19	12	16	9

ダウト 100 マス ②

この「100マス計算」には、答えが書かれていますが、答えの数がまちがえているものがまざっています。

まちがえている答えを見つけて、その数字を〇でかこみましょう。

+	8	2	6	9	4	10	7	1	3	5	+
8	16	10	14	17	11	18	15	9	11	13	8
6	14	8	13	15	10	16	13	7	9	11	6
2	10	4	8	11	6	12	9	4	5	7	2
4	12	6	10	12	8	14	11	5	7	9	4
10	18	12	16	19	14	20	17	11	14	15	10
3	11	6	9	12	7	13	10	4	6	8	3
7	15	9	13	16	11	17	13	8	10	12	7
5	12	7	11	14	9	15	12	6	8	10	5
1	9	3	7	10	5	11	8	2	4	5	1
9	17	11	15	18	13	20	16	10	12	14	9

ダウト 100 マス ③

この「100 マス計算」には、答えが書かれていますが、答えの数がまちがえているものがまざっています。

まちがえている答えを見つけて、その数字を〇でかこみましょう。

一	20	16	14	12	18	15	19	11	17	13	一
5	16	11	9	7	13	10	14	6	12	8	5
8	12	9	6	4	10	7	11	3	9	5	8
1	19	15	13	12	17	14	18	10	16	12	1
3	17	13	11	9	15	12	16	8	13	10	3
7	13	9	6	5	11	8	12	4	10	6	7
4	16	12	10	8	14	11	16	7	13	9	4
10	10	6	4	2	8	5	9	2	7	3	10
9	11	7	5	3	9	7	10	2	8	4	9
2	18	14	12	10	15	13	17	9	15	11	2
6	14	10	8	6	12	9	13	5	11	6	6

ダウト 100 マス ④

月　日　名前

この「100 マス計算」には、
答えが書かれていますが、答えの
数がまちがえているものが
まざっています。

まちがえている答えを見つけて、
その数字を○でかこみましょう。

一	15	19	20	12	18	13	17	11	14	16	一
6	8	13	14	6	12	7	12	5	8	10	6
10	5	10	9	2	8	3	7	1	4	6	10
4	11	15	16	8	14	8	13	7	10	13	4
9	6	10	11	2	9	4	8	2	4	7	9
5	10	15	15	7	13	8	13	6	9	11	5
2	14	17	18	10	17	11	15	9	12	14	2
7	8	12	13	5	11	6	10	3	7	8	7
3	12	16	17	10	15	10	14	8	12	13	3
8	7	11	11	4	10	5	9	4	6	8	8
1	14	18	19	11	18	11	16	10	13	15	1

月 日 名前

この「100マス計算」には、答えが書かれていますが、答えの数がまちがえているものがまざっています。

まちがえている答えを見つけて、その数字を〇でかこみましょう。

×	2	9	6	1	5	8	3	7	4	10	×
8	16	71	48	8	40	64	24	56	32	80	8
4	8	36	24	4	20	32	14	28	16	40	4
1	2	9	6	1	5	8	3	7	4	10	1
3	6	28	18	3	15	24	9	21	12	30	3
7	14	63	42	7	35	56	24	49	29	70	7
10	20	90	60	10	50	80	30	70	40	100	10
6	13	54	36	6	30	48	18	42	22	60	6
9	18	81	54	9	40	72	27	63	36	90	9
5	10	45	30	5	25	40	16	35	20	50	5
2	4	18	12	2	10	18	6	14	8	20	2

ブランク 100 マス ①

つぎの「100マス計算」は、横の列の数がぬけています。

今ある数字から、横の列に入る数字を考えて書きましょう。

横の列には、1〜10の数が1回ずつ入ります。

ぬけている数字が書けたら、100マス計算をしましょう。

+											+
7							13				7
4	11										4
1			6								1
8					11						8
3										12	3
9									13		9
6				14							6
2								3			2
10		12									10
5						15					5

月　日　名前

つぎの「100 マス計算」は、横の列の数がぬけています。

今ある数字から、横の列に入る数字を考えて書きましょう。

横の列には、1 〜 10 の数が 1 回ずつ入ります。

ぬけている数字が書けたら、100 マス計算をしましょう。

+											+
3						6					3
8									13		8
2			12								2
9										16	9
5								6			5
1	10										1
10					16						10
6		10									6
4				6							4
7											7

ブランク 100 マス ③

月　日　名前

つぎの「100 マス計算」は、
横の列の数がぬけています。
　今ある数字から、横の列に入る
数字を考えて書きましょう。
　横の列には、1 〜 10 の数が
1 回ずつ入ります。
　ぬけている数字が書けたら、
100 マス計算をしましょう。

－										－
1									15	1
6		7								6
10							10			10
3						9				3
8								6		8
4			13							4
2	17									2
9					6					9
7				4						7
5							13			5

ブランク 100 マス ④

つぎの「100マス計算」は、横の列の数がぬけています。

今ある数字から、横の列に入る数字を考えて書きましょう。

横の列には、1～10の数が1回ずつ入ります。

ぬけている数字が書けたら、100マス計算をしましょう。

ー											ー
4		16									4
7			7								7
1										18	1
5									12		5
10							1				10
2						16					2
8											8
3						9					3
6	7										6
9				7							9

ブランク 100 マス ⑤

つぎの「100 マス計算」は、
横の列の数がぬけています。

今ある数字から、横の列に入る
数字を考えて書きましょう。

横の列には、1 ～ 10 の数が
1 回ずつ入ります。

ぬけている数字が書けたら、
100 マス計算をしましょう。

×											×
7		35									7
2								4			2
6											6
10	80										10
4					16						4
1							9				1
8				8							8
3	30										3
9									54		9
5						15					5

アニマル 100 マス ①

月　日　名前

「100 マス計算」のマスに
どうぶつがいて、数をかくして
しまっています。

たての列と横の列には、
それぞれ 1 ～ 10 の数字が
1 回ずつ入り、（中のマスの）同じ
どうぶつにも同じ数字が入ります。

あてはまる数字を考えましょう。

それができたら、空きマスの
計算をしましょう。

+		🐘		🦒		🐻		🐸		🐱	+
🐱	12		🐵		🐔		🐶			
🐔	🐵	🐘		🐷	🐱	🐭	🐶		
🐭	🐔	🐵	🐷	🐱	🐸	🐶	🦒	🐘	
🐷	🐶	🐱		🐔		🐭		🐘	🐵	🐷
🐶		16		🐵		🐱			🐶
🐵			18	🐱				🐵
🐘	🐶	🐱	🐭		🦒	🐵	🐷	🐔	
🐔			🐱		🐶	14	🐵		🐔
🐭	🐵		🐶		🐘		🐔	🐱	🐭
								20	

🐶 （　　）　　🐸 （　　）

🐱 （　　）　　🐻 （　　）

🐵 （　　）　　🐘 （　　）

🐔 （　　）　　🐭 （　　）

🦒 （　　）　　🐷 （　　）

アニマル100マス ②

「100マス計算」のマスに
どうぶつがいて、数をかくして
しまっています。

たての列と横の列には、
それぞれ1〜10の数字が
1回ずつ入り、（中のマスの）同じ
どうぶつにも同じ数字が入ります。

あてはまる数字を考えましょう。

それができたら、空きマスの
計算をしましょう。

アニマル100マス ③

　「100マス計算」のマスに
どうぶつがいて、数をかくして
しまっています。
　たての列と横の列には、
それぞれ1〜10の数字が
1回ずつ入り、（中のマスの）同じ
どうぶつにも同じ数字が入ります。
　あてはまる数字を考えましょう。
　それができたら、空きマスの
計算をしましょう。

（　）　（　）

（　）　（　）

（　）　（　）

（　）　（　）

（　）　（　）

アニマル100マス ④

月　日　名前

「100マス計算」のマスに
どうぶつがいて、数をかくして
しまっています。
　たての列と横の列には、
それぞれ1〜10の数字が
1回ずつ入り、（中のマスの）同じ
どうぶつにも同じ数字が入ります。
　あてはまる数字を考えましょう。
　それができたら、空きマスの
計算をしましょう。

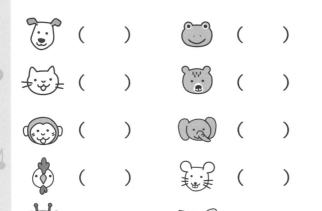

月　日　名前

「100 マス計算」のマスに
どうぶつがいて、数をかくして
しまっています。

たての列と横の列には、
それぞれ 1 ～ 10 の数字が
1 回ずつ入り、（中のマスの）同じ
どうぶつにも同じ数字が入ります。

あてはまる数字を考えましょう。

それができたら、空きマスの
計算をしましょう。

🐶 （　　） 🐸 （　　）

🐱 （　　） 🐻 （　　）

🐵 （　　） 🐘 （　　）

🐓 （　　） 🐭 （　　）

🦒 （　　） 🐷 （　　）

プラスワン 100 マス ①

つぎの「100マス計算」を
ときましょう。
　ただし、そのまま答えを書かず、
その答えに 1 をたした数を
計算してマスに書きましょう。

〔例〕 たてが 4、横が 6 のとき
　　　 4 + 6 = 10　10 + 1 = 11

+	6	4	10	2	8	5	3	9	1	7	+
4											4
10											10
8											8
1											1
7											7
5											5
3											3
9											9
2											2
6											6

プラスワン 100 マス ②

つぎの「100 マス計算」を
ときましょう。
　ただし、そのまま答えを書かず、
その答えに 1 をたした数を
計算してマスに書きましょう。

＋	2	10	6	1	9	5	8	3	7	4	＋
8											8
3											3
6											6
1											1
5											5
9											9
4											4
2											2
10											10
7											7

プラスワン 100 マス ③

つぎの「100マス計算」を
ときましょう。

ただし、そのまま答えを書かず、
その答えに 1 をたした数を
計算してマスに書きましょう。

〔例〕 横が 18、たてが 5 のとき
　　　 18 − 5 = 13　13 + 1 = 14

ー	18	14	17	11	16	13	19	20	15	12	ー
5											5
8											8
3											3
9											9
1											1
4											4
6											6
2											2
10											10
7											7

プラスワン 100 マス ④

つぎの「100マス計算」を
ときましょう。
　ただし、そのまま答えを書かず、
その答えに 1 をたした数を
計算してマスに書きましょう。

一	19	13	17	11	15	12	18	20	14	16	一
1											1
6											6
10											10
3											3
8											8
4											4
2											2
9											9
7											7
5											5

プラスワン 100 マス ⑤

つぎの「100 マス計算」を
ときましょう。

ただし、そのまま答えを書かず、
その答えに 1 をたした数を
計算してマスに書きましょう。

〔例〕 たてが 7、横が 4 のとき
　　　7 × 4 = 28　28 + 1 = 29

×	4	8	1	6	10	5	9	2	7	3	×
7											7
4											4
9											9
2											2
6											6
5											5
1											1
10											10
3											3
8											8

クロック 60 マス ①

月　　日　　名前

つぎの「100 マス計算」は、横の列の数字が時計になっています。

たての列の数だけ時間が変わると、時計が何時をさすか計算して書きましょう。

ただし、時計がさす時間を書くので、答えには 1 ～ 12 の数しか使えません。

〔例〕
12（時）＋ 1（時間）＝ 13 時　×
　　　　　　　　　　＝ 1 時　○

＋	🕑	🕐	🕔	🕛	🕡	＋
2	時	時	時	時	時	2
5	時	時	時	時	時	5
1	時	時	時	時	時	1
9	時	時	時	時	時	9
4	時	時	時	時	時	4
12	時	時	時	時	時	12
3	時	時	時	時	時	3
8	時	時	時	時	時	8
6	時	時	時	時	時	6
10	時	時	時	時	時	10
7	時	時	時	時	時	7
11	時	時	時	時	時	11

クロック 60 マス ②

月　日　名前

つぎの「100マス計算」は、横の列の数字が時計になっています。

たての列の数だけ時間が変わると、時計が何時をさすか計算して書きましょう。

ただし、時計がさす時間を書くので、答えには 1 ～ 12 の数しか使えません。

+	🕐	🕐	🕐	🕐	🕐	+
4	時	時	時	時	時	4
8	時	時	時	時	時	8
12	時	時	時	時	時	12
1	時	時	時	時	時	1
7	時	時	時	時	時	7
5	時	時	時	時	時	5
10	時	時	時	時	時	10
2	時	時	時	時	時	2
6	時	時	時	時	時	6
3	時	時	時	時	時	3
11	時	時	時	時	時	11
9	時	時	時	時	時	9

クロック 60 マス ③

月　　日　　名前

つぎの「100 マス計算」は、横の列の数字が時計になっています。

たての列の数だけ時間が変わると、時計が何時をさすか計算して書きましょう。

ただし、時計がさす時間を書くので、答えには 1 ～ 12 の数しか使えません。

+	🕐	🕐	🕐	🕐	🕐	+
7	時	時	時	時	時	7
2	時	時	時	時	時	2
6	時	時	時	時	時	6
10	時	時	時	時	時	10
3	時	時	時	時	時	3
11	時	時	時	時	時	11
4	時	時	時	時	時	4
8	時	時	時	時	時	8
1	時	時	時	時	時	1
5	時	時	時	時	時	5
9	時	時	時	時	時	9
12	時	時	時	時	時	12

クロック 60 マス ④

つぎの「100 マス計算」は、横の列の数字が時計になっています。

たての列の数だけ時間が変わると、時計が何時をさすか計算して書きましょう。

ただし、時計がさす時間を書くので、答えには 1 ～ 12 の数しか使えません。

〔例〕
5（時）－ 6（時間）＝ 11 時　○

一						一
5	時	時	時	時	時	5
3	時	時	時	時	時	3
11	時	時	時	時	時	11
6	時	時	時	時	時	6
9	時	時	時	時	時	9
12	時	時	時	時	時	12
7	時	時	時	時	時	7
2	時	時	時	時	時	2
4	時	時	時	時	時	4
1	時	時	時	時	時	1
8	時	時	時	時	時	8
10	時	時	時	時	時	10

クロック 60 マス ⑤

つぎの「100マス計算」は、横の列の数字が時計になっています。

たての列の数だけ時間が変わると、時計が何時をさすか計算して書きましょう。

ただし、時計がさす時間を書くので、答えには 1 ～ 12 の数しか使えません。

一	（時計）	（時計）	（時計）	（時計）	（時計）	一
1	時	時	時	時	時	1
9	時	時	時	時	時	9
5	時	時	時	時	時	5
8	時	時	時	時	時	8
3	時	時	時	時	時	3
11	時	時	時	時	時	11
4	時	時	時	時	時	4
6	時	時	時	時	時	6
2	時	時	時	時	時	2
10	時	時	時	時	時	10
7	時	時	時	時	時	7
12	時	時	時	時	時	12

スクリーン 100 マス ①

つぎの「100 マス計算」をときましょう。

そして、となりあう答えの数を4つたしたとき、一番大きくなる組み合わせと、一番小さくなる組み合わせを見つけましょう。

見つけたら線でかこいます。

かこい方は、下のかこい方にしましょう。

〔かこい方〕

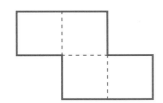

＋	5	9	7	1	3	8	4	6	10	2	＋
3											3
8											8
6											6
10											10
7											7
2											2
5											5
9											9
4											4
1											1

スクリーン 100 マス ②

　つぎの「100マス計算」を
ときましょう。

　そして、となりあう答えの数を
4つたしたとき、一番大きくなる
組み合わせと、一番小さくなる
組み合わせを見つけましょう。

　見つけたら線でかこいます。

　かこい方は、下のかこい方に
しましょう。

[かこい方]

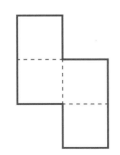

+	6	10	5	3	2	8	9	4	7	1	+
9											9
6											6
5											5
1											1
4											4
3											3
8											8
10											10
2											2
7											7

スクリーン 100 マス ③

つぎの「100 マス計算」を
ときましょう。

そして、となりあう答えの数を
4 つたしたとき、一番大きくなる
組み合わせと、一番小さくなる
組み合わせを見つけましょう。

見つけたら線でかこいます。

かこい方は、下のかこい方に
しましょう。

〔かこい方〕

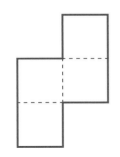

－	11	20	17	12	19	16	14	18	13	15	－
8											8
4											4
9											9
5											5
6											6
1											1
10											10
3											3
2											2
7											7

スクリーン 100 マス ④

つぎの「100 マス計算」を
ときましょう。

そして、となりあう答えの数を
4 つたしたとき、一番大きくなる
組み合わせと、一番小さくなる
組み合わせを見つけましょう。

見つけたら線でかこいます。

かこい方は、下のかこい方に
しましょう。

〔かこい方〕

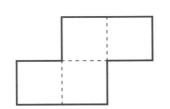

ー	18	14	16	12	19	15	11	17	13	20	ー
10											10
4											4
7											7
2											2
6											6
9											9
1											1
3											3
8											8
5											5

月　日　名前

つぎの「100マス計算」を
ときましょう。
　そして、となりあう答えの数を
4つたしたとき、一番大きくなる
組み合わせと、一番小さくなる
組み合わせを見つけましょう。
　見つけたら線でかこいます。
　かこい方は、下のかこい方に
しましょう。

〔かこい方〕

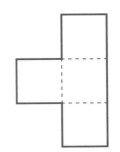

×	10	1	5	2	8	7	3	6	9	4	×
6											6
3											3
9											9
2											2
8											8
5											5
1											1
7											7
10											10
4											4

リサーチ 100 マス ①

月　　日　　名前

つぎの「100 マス計算」は、
横の列の数がぬけています。

みんなの話を聞いてあてはまる
1 ～ 10 の数字を書きましょう。

数字が書けたら 100 マス計算を
しましょう。

「2 と 6 が一番はしの数だよ」

「左から 4 マスめが 10 で、
　　そこから 2 マスめが 5 だよ」

「5 のとなりは、1 と 9 だよ」

「10 のとなりは、3 と 9 だよ」

「一番右側の 3 マスは、数の
　　順に数字がならぶよ」

+											+
5											5
2											2
9											9
3											3
7											7
6											6
1											1
8											8
4											4
10											10

リサーチ 100 マス ②

つぎの「100 マス計算」は、
横の列の数がぬけています。
　みんなの話を聞いてあてはまる
11 〜 20 の数字を書きましょう。
　数字が書けたら 100 マス計算を
しましょう。

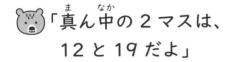「真ん中の 2 マスは、
　　12 と 19 だよ」

「一番左はしの数は、真ん中の
　　数のどちらかに 4 たした
　　数だよ」

「右側 5 マスは、右から順に
　　一つ飛びの数が 5 つならぶよ」

「左から 4 マスめが 18 だよ」

「16 のとなりは、14 だよ」

一											一
3											3
8											8
4											4
6											6
9											9
5											5
2											2
10											10
7											7
1											1

リサーチ 100 マス ③

月　日　名前

つぎの「100 マス計算」は、横の列の数がぬけています。

みんなの話を聞いてあてはまる 1 ～ 10 の数字を書きましょう。

数字が書けたら 100 マス計算をしましょう。

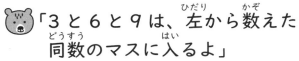「3 と 6 と 9 は、左から数えた同数のマスに入るよ」

「2 と 10 が一番はしの数だよ」

「5 のとなりは、1 と 3 だよ」

「1 のマスから 2 マス進むと 7、さらに 2 マス進むと 9 だよ」

「9 のとなりは、2 と 4 だよ」

×											×
2											2
8											8
3											3
5											5
10											10
4											4
7											7
1											1
6											6
9											9

月　日　名前

つぎの「100マス計算」は、横の列の数がぬけています。

みんなの話を聞いてあてはまる1〜10の数字を書きましょう。

数字が書けたら100マス計算をしましょう。

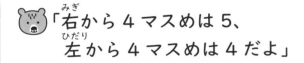「右から4マスめは5、
　　左から4マスめは4だよ」

「4の3マスとなりは7、
　　5の3マスとなりは1だよ」

「左側3マスは、数の順に
　　数字がならぶよ」

「6のとなりは、4と3だよ」

「10のとなりは、2と1だよ」

×											×
6											6
4											4
1											1
5											5
2											2
7											7
9											9
3											3
10											10
8											8

月　日　名前

つぎの「100マス計算」は、横の列の数がぬけています。

みんなの話を聞いてあてはまる1～10の数字を書きましょう。

数字が書けたら100マス計算をしましょう。

🐻「7×7の答えを、十の位と一の位の数字に分けて、真ん中の2マスに書くよ」

🐘「右から2マスめが3で、その2倍の数がとなりに入るよ」

🦒「5と10が一番はしの数だよ」

🐱「左から2マスめは1、そこから5マスめは8だよ」

🐶「1のとなりは、2と5だよ」

×											×
8											8
1											1
5											5
2											2
9											9
3											3
10											10
7											7
4											4
6											6

100マス計算 ①

+	1	10	6	8	2	7	4	3	9	5	+
6	7	16	12	14	8	13	10	9	15	11	6
10	11	20	16	18	12	17	14	13	19	15	10
4	5	14	10	12	6	11	8	7	13	9	4
2	3	12	8	10	4	9	6	5	11	7	2
8	9	18	14	16	10	15	12	11	17	13	8
5	6	15	11	13	7	12	9	8	14	10	5
7	8	17	13	15	9	14	11	10	16	12	7
9	10	19	15	17	11	16	13	12	18	14	9
3	4	13	9	11	5	10	7	6	12	8	3
1	2	11	7	9	3	8	5	4	10	6	1

100マス計算 ②

+	3	6	1	8	4	9	5	10	7	2	+
3	6	9	4	11	7	12	8	13	10	5	3
7	10	13	8	15	11	16	12	17	14	9	7
2	5	8	3	10	6	11	7	12	9	4	2
9	12	15	10	17	13	18	14	19	16	11	9
4	7	10	5	12	8	13	9	14	11	6	4
1	4	7	2	9	5	10	6	11	8	3	1
10	13	16	11	18	14	19	15	20	17	12	10
5	8	11	6	13	9	14	10	15	12	7	5
8	11	14	9	16	12	17	13	18	15	10	8
6	9	12	7	14	10	15	11	16	13	8	6

100マス計算 ③

−	17	12	19	11	15	14	18	10	13	16	−
8	9	4	11	3	7	6	10	2	5	8	8
10	7	2	9	1	5	4	8	0	3	6	10
3	14	9	16	8	12	11	15	7	10	13	3
6	11	6	13	5	9	8	12	4	7	10	6
5	12	7	14	6	10	9	13	5	8	11	5
2	15	10	17	9	13	12	16	8	11	14	2
9	8	3	10	2	6	5	9	1	4	7	9
1	16	11	18	10	14	13	17	9	12	15	1
7	10	5	12	4	8	7	11	3	6	9	7
4	13	8	15	7	11	10	14	6	9	12	4

100マス計算 ④

−	15	19	13	11	18	12	17	20	14	16	−
6	9	13	7	5	12	6	11	14	8	10	6
10	5	9	3	1	8	2	7	10	4	6	10
4	11	15	9	7	14	8	13	16	10	12	4
9	6	10	4	2	9	3	8	11	5	7	9
5	10	14	8	6	13	7	12	15	9	11	5
2	13	17	11	9	16	10	15	18	12	14	2
7	8	12	6	4	11	5	10	13	7	9	7
3	12	16	10	8	15	9	14	17	11	13	3
8	7	11	5	3	10	4	9	12	6	8	8
1	14	18	12	10	17	11	16	19	13	15	1

100マス計算 ⑤

×	7	3	10	1	8	4	2	9	5	6	×
8	56	24	80	8	64	32	16	72	40	48	8
5	35	15	50	5	40	20	10	45	25	30	5
2	14	6	20	2	16	8	4	18	10	12	2
4	28	12	40	4	32	16	8	36	20	24	4
1	7	3	10	1	8	4	2	9	5	6	1
9	63	27	90	9	72	36	18	81	45	54	9
7	49	21	70	7	56	28	14	63	35	42	7
10	70	30	100	10	80	40	20	90	50	60	10
3	21	9	30	3	24	12	6	27	15	18	3
6	42	18	60	6	48	24	12	54	30	36	6

ダウト 100 マス ②

+	8	2	6	9	4	10	7	1	3	5	+	
8	16	10	14	17	(11)	18	15	9	11	13	8	11→12
6	14	8	(13)	15	10	16	13	7	9	11	6	13→12
2	10	4	8	11	6	12	9	(4)	5	7	2	4→3
4	12	6	10	(12)	8	14	11	5	7	9	4	12→13
10	18	12	16	19	14	20	17	11	(14)	15	10	14→13
3	11	(6)	9	12	7	13	10	4	6	8	3	6→5
7	15	9	13	16	11	17	(13)	8	10	12	7	13→14
5	(12)	7	11	14	9	15	12	6	8	10	5	12→13
1	9	3	7	10	5	11	8	2	4	(5)	1	5→6
9	17	11	15	18	13	(20)	16	10	12	14	9	20→19

ダウト 100 マス ①

+	4	6	2	8	5	1	9	10	3	7	+		
4	8	10	(7)	12	9	5	13	14	7	(12)	4	7→6	12→11
8	12	14	10	16	13	9	17	18	11	15	8		
2	(5)	8	4	10	7	3	11	12	5	9	2	5→6	
6	10	12	8	14	(12)	7	15	16	9	13	6	12→11	
3	7	9	5	(12)	8	4	(11)	13	6	10	3	12→11	11→12
1	5	7	3	9	6	2	10	11	4	8	1		
10	14	16	12	18	15	11	19	20	13	17	10		
5	9	11	7	(14)	10	6	14	15	8	12	5	14→13	
7	11	13	9	(16)	(11)	8	16	17	10	14	7	16→15	11→12
9	13	15	(12)	17	14	10	18	19	12	16	9	12→11	

ダウト 100 マス ③

−	20	16	14	12	18	15	19	11	17	13	−	
5	(16)	11	9	7	13	10	14	6	12	8	5	16→15
8	12	(9)	6	4	10	7	11	3	9	5	8	9→8
1	19	15	13	(12)	17	14	18	10	16	12	1	12→11
3	17	13	11	9	15	12	16	8	(13)	10	3	13→14
7	13	9	(6)	5	11	8	12	4	10	6	7	6→7
4	16	12	10	8	14	11	(16)	7	13	9	4	16→15
10	10	6	4	2	8	5	9	(2)	7	3	10	2→1
9	11	7	5	3	9	(7)	10	2	8	4	9	7→6
2	18	14	12	10	(15)	13	17	9	15	11	2	15→16
6	14	10	8	6	12	9	13	5	11	(6)	6	6→7

ダウト 100 マス ④

−	15	19	20	12	18	13	17	11	14	16	−		
6	⑧	13	14	6	12	7	⑫	5	8	10	6	8→9	12→11
10	5	⑩	⑨	2	8	3	7	1	4	6	10	10→9	9→10
4	11	15	16	8	14	⑧	13	7	10	⑬	4	8→9	13→12
9	6	10	11	②	9	4	8	2	④	7	9	2→3	4→5
5	10	⑮	15	7	13	8	⑬	6	9	11	5	15→14	13→12
2	⑭	17	18	10	⑰	11	15	9	12	14	2	14→13	17→16
7	8	12	13	5	11	6	10	③	7	⑧	7	3→4	8→9
3	12	16	17	⑩	15	10	14	8	⑫	13	3	10→9	12→11
8	7	11	⑪	4	10	5	⑨	④	6	8	8	11→12	4→3
1	14	18	19	11	⑱	⑪	16	10	13	15	1	18→17	11→12

ブランク 100 マス ①

+	7	2	5	8	3	10	6	1	4	9	+
7	14	9	12	15	10	17	13	8	11	16	7
4	11	6	9	12	7	14	10	5	8	13	4
1	8	3	6	9	4	11	7	2	5	10	1
8	15	10	13	16	11	18	14	9	12	17	8
3	10	5	8	11	6	13	9	4	7	12	3
9	16	11	14	17	12	19	15	10	13	18	9
6	13	8	11	14	9	16	12	7	10	15	6
2	9	4	7	10	5	12	8	3	6	11	2
10	17	12	15	18	13	20	16	11	14	19	10
5	12	7	10	13	8	15	11	6	9	14	5

ダウト 100 マス ⑤

×	2	9	6	1	5	8	3	7	4	10	×		
8	16	㉑	48	8	40	64	24	56	32	80	8	71→72	
4	8	36	24	4	20	32	⑭	28	16	40	4	14→12	
1	2	9	6	1	5	8	3	7	4	10	1		
3	6	㉘	18	3	15	24	9	21	12	30	3	28→27	
7	14	63	42	7	35	56	㉔	49	㉙	70	7	24→21	29→28
10	20	90	60	10	50	80	30	70	40	100	10		
6	⑬	54	36	6	30	48	18	42	㉒	60	6	13→12	22→24
9	18	81	54	9	㊵	72	27	63	36	90	9	40→45	
5	10	45	30	5	25	40	⑯	35	20	50	5	16→15	
2	4	18	12	2	10	⑱	6	14	8	20	2	18→16	

ブランク 100 マス ②

+	9	4	10	2	6	3	8	1	5	7	+
3	12	7	13	5	9	6	11	4	8	10	3
8	17	12	18	10	14	11	16	9	13	15	8
2	11	6	12	4	8	5	10	3	7	9	2
9	18	13	19	11	15	12	17	10	14	16	9
5	14	9	15	7	11	8	13	6	10	12	5
1	10	5	11	3	7	4	9	2	6	8	1
10	19	14	20	12	16	13	18	11	15	17	10
6	15	10	16	8	12	9	14	7	11	13	6
4	13	8	14	6	10	7	12	5	9	11	4
7	16	11	17	9	13	10	15	8	12	14	7

ブランク 100 マス ③

−	19	13	17	11	15	12	18	20	14	16	−
1	18	12	16	10	14	11	17	19	13	15	1
6	13	7	11	5	9	6	12	14	8	10	6
10	9	3	7	1	5	2	8	10	4	6	10
3	16	10	14	8	12	9	15	17	11	13	3
8	11	5	9	3	7	4	10	12	6	8	8
4	15	9	13	7	11	8	14	16	10	12	4
2	17	11	15	9	13	10	16	18	12	14	2
9	10	4	8	2	6	3	9	11	5	7	9
7	12	6	10	4	8	5	11	13	7	9	7
5	14	8	12	6	10	7	13	15	9	11	5

ブランク 100 マス ⑤

×	10	8	5	1	4	7	3	9	2	6	×
7	70	56	35	7	28	49	21	63	14	42	7
2	20	16	10	2	8	14	6	18	4	12	2
6	60	48	30	6	24	42	18	54	12	36	6
10	100	80	50	10	40	70	30	90	20	60	10
4	40	32	20	4	16	28	12	36	8	24	4
1	10	8	5	1	4	7	3	9	2	6	1
8	80	64	40	8	32	56	24	72	16	48	8
3	30	24	15	3	12	21	9	27	6	18	3
9	90	72	45	9	36	63	27	81	18	54	9
5	50	40	25	5	20	35	15	45	10	30	5

ブランク 100 マス ④

−	13	20	14	16	12	18	11	15	17	19	−
4	9	16	10	12	8	14	7	11	13	15	4
7	6	13	7	9	5	11	4	8	10	12	7
1	12	19	13	15	11	17	10	14	16	18	1
5	8	15	9	11	7	13	6	10	12	14	5
10	3	10	4	6	2	8	1	5	7	9	10
2	11	18	12	14	10	16	9	13	15	17	2
8	5	12	6	8	4	10	3	7	9	11	8
3	10	17	11	13	9	15	8	12	14	16	3
6	7	14	8	10	6	12	5	9	11	13	6
9	4	11	5	7	3	9	2	6	8	10	9

アニマル 100 マス ①

+	4	🐘	8	🦒	9	🐻	7	🐸	5	🐱	+
6	🐱	12	14	🐵	15	🐤	13	🐻	11	16	6
3	🐤	🐵	11	🐘	12	🐱	🐱	🐻	🐤	13	3
1	🐭	🐤	🐵	🐷	🐱	🐘	🐻	🦒	🐭	11	1
🐻	🐷	🐱	12	🐤	13	🐱	11	🐘	🐵	14	🐻
🐻	12	14	16	11	17	🐵	15	🐱	13	18	🐻
🐵	13	15	17	12	18	🐵	16	11	14	19	🐵
2	🐘	🐷	🐱	🐭	11	🦒	🐱	🐷	🐱	12	2
🐤	11	13	15	🐱	16	🐻	14	🐵	12	17	🐤
🐭	🐱	🐵	11	13	🐻	14	🐘	12	🐤	🐱	15	🐭
10	14	16	18	13	19	11	17	12	15	20	10

 （8）　（2）

 （10）　（1）

 （9）　（6）

 （7）　（5）

 （3）　（4）

アニマル100マス ②

（1）　　（9）
（2）　　（3）
（5）　　（7）
（6）　　（8）
（4）　　（10）

アニマル100マス ④

（4）　　（2）
（3）　　（9）
（6）　　（10）
（8）　　（7）
（5）　　（1）

アニマル100マス ③

（9）　　（10）
（8）　　（1）
（6）　　（2）
（5）　　（7）
（3）　　（4）

アニマル100マス ⑤

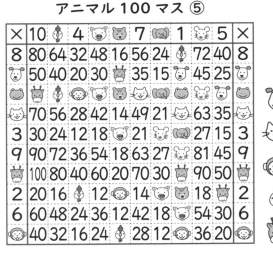

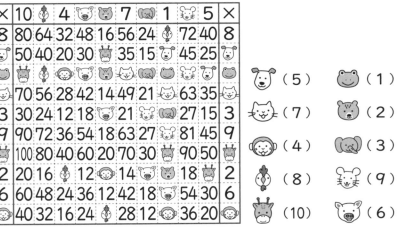

（5）　　（1）
（7）　　（2）
（4）　　（3）
（8）　　（9）
（10）　　（6）

プラスワン 100 マス ①

+	6	4	10	2	8	5	3	9	1	7	+
4	11	9	15	7	13	10	8	14	6	12	4
10	17	15	21	13	19	16	14	20	12	18	10
8	15	13	19	11	17	14	12	18	10	16	8
1	8	6	12	4	10	7	5	11	3	9	1
7	14	12	18	10	16	13	11	17	9	15	7
5	12	10	16	8	14	11	9	15	7	13	5
3	10	8	14	6	12	9	7	13	5	11	3
9	16	14	20	12	18	15	13	19	11	17	9
2	9	7	13	5	11	8	6	12	4	10	2
6	13	11	17	9	15	12	10	16	8	14	6

プラスワン 100 マス ③

−	18	14	17	11	16	13	19	20	15	12	−
5	14	10	13	7	12	9	15	16	11	8	5
8	11	7	10	4	9	6	12	13	8	5	8
3	16	12	15	9	14	11	17	18	13	10	3
9	10	6	9	3	8	5	11	12	7	4	9
1	18	14	17	11	16	13	19	20	15	12	1
4	15	11	14	8	13	10	16	17	12	9	4
6	13	9	12	6	11	8	14	15	10	7	6
2	17	13	16	10	15	12	18	19	14	11	2
10	9	5	8	2	7	4	10	11	6	3	10
7	12	8	11	5	10	7	13	14	9	6	7

プラスワン 100 マス ②

+	2	10	6	1	9	5	8	3	7	4	+
8	11	19	15	10	18	14	17	12	16	13	8
3	6	14	10	5	13	9	12	7	11	8	3
6	9	17	13	8	16	12	15	10	14	11	6
1	4	12	8	3	11	7	10	5	9	6	1
5	8	16	12	7	15	11	14	9	13	10	5
9	12	20	16	11	19	15	18	13	17	14	9
4	7	15	11	6	14	10	13	8	12	9	4
2	5	13	9	4	12	8	11	6	10	7	2
10	13	21	17	12	20	16	19	14	18	15	10
7	10	18	14	9	17	13	16	11	15	12	7

プラスワン 100 マス ④

−	19	13	17	11	15	12	18	20	14	16	−
1	19	13	17	11	15	12	18	20	14	16	1
6	14	8	12	6	10	7	13	15	9	11	6
10	10	4	8	2	6	3	9	11	5	7	10
3	17	11	15	9	13	10	16	18	12	14	3
8	12	6	10	4	8	5	11	13	7	9	8
4	16	10	14	8	12	9	15	17	11	13	4
2	18	12	16	10	14	11	17	19	13	15	2
9	11	5	9	3	7	4	10	12	6	8	9
7	13	7	11	5	9	6	12	14	8	10	7
5	15	9	13	7	11	8	14	16	10	12	5

プラスワン 100 マス ⑤

×	4	8	1	6	10	5	9	2	7	3	×
7	29	57	8	43	71	36	64	15	50	22	7
4	17	33	5	25	41	21	37	9	29	13	4
9	37	73	10	55	91	46	82	19	64	28	9
2	9	17	3	13	21	11	19	5	15	7	2
6	25	49	7	37	61	31	55	13	43	19	6
5	21	41	6	31	51	26	46	11	36	16	5
1	5	9	2	7	11	6	10	3	8	4	1
10	41	81	11	61	101	51	91	21	71	31	10
3	13	25	4	19	31	16	28	7	22	10	3
8	33	65	9	49	81	41	73	17	57	25	8

クロック 60 マス ②

+						+
4	11時	1時	9時	2時	7時	4
8	3時	5時	1時	6時	11時	8
12	7時	9時	5時	10時	3時	12
1	8時	10時	6時	11時	4時	1
7	2時	4時	12時	5時	10時	7
5	12時	2時	10時	3時	8時	5
10	5時	7時	3時	8時	1時	10
2	9時	11時	7時	12時	5時	2
6	1時	3時	11時	4時	9時	6
3	10時	12時	8時	1時	6時	3
11	6時	8時	4時	9時	2時	11
9	4時	6時	2時	7時	12時	9

クロック 60 マス ①

+						+
2	3時	6時	10時	4時	8時	2
5	6時	9時	1時	7時	11時	5
1	2時	5時	9時	3時	7時	1
9	10時	1時	5時	11時	3時	9
4	5時	8時	12時	6時	10時	4
12	1時	4時	8時	2時	6時	12
3	4時	7時	11時	5時	9時	3
8	9時	12時	4時	10時	2時	8
6	7時	10時	2時	8時	12時	6
10	11時	2時	6時	12時	4時	10
7	8時	11時	3時	9時	1時	7
11	12時	3時	7時	1時	5時	11

クロック 60 マス ③

+						+
7	4時	12時	2時	6時	9時	7
2	11時	7時	9時	1時	4時	2
6	3時	11時	1時	5時	8時	6
10	7時	3時	5時	9時	12時	10
3	12時	8時	10時	2時	5時	3
11	8時	4時	6時	10時	1時	11
4	1時	9時	11時	3時	6時	4
8	5時	1時	3時	7時	10時	8
1	10時	6時	8時	12時	3時	1
5	2時	10時	12時	4時	7時	5
9	6時	2時	4時	8時	11時	9
12	9時	5時	7時	11時	2時	12

クロック 60 マス ④

−	🕐	🕐	🕐	🕐	🕐	−
5	10時	1時	3時	11時	5時	5
3	12時	3時	5時	1時	7時	3
11	2時	5時	7時	3時	9時	11
6	9時	12時	2時	10時	4時	6
9	6時	9時	11時	7時	1時	9
12	3時	6時	8時	4時	10時	12
7	8時	11時	1時	9時	3時	7
2	1時	4時	6時	2時	8時	2
4	11時	2時	4時	12時	6時	4
1	2時	5時	7時	3時	9時	1
8	7時	10時	12時	8時	2時	8
10	5時	8時	10時	6時	12時	10

クロック 60 マス ⑤

−	🕐	🕐	🕐	🕐	🕐	−
1	4時	7時	12時	10時	6時	1
9	8時	11時	4時	2時	10時	9
5	12時	3時	8時	6時	2時	5
8	9時	12時	5時	3時	11時	8
3	2時	5時	10時	8時	4時	3
11	6時	9時	2時	12時	8時	11
4	1時	4時	9時	7時	3時	4
6	11時	2時	7時	5時	1時	6
2	3時	6時	11時	9時	5時	2
10	7時	10時	3時	1時	9時	10
7	10時	1時	6時	4時	12時	7
12	5時	8時	1時	11時	7時	12

スクリーン 100 マス ①

+	5	9	7	1	3	8	4	6	10	2	+
3	8	12	10	4	6	11	7	9	13	5	3
8	13	17	15	9	11	16	12	14	18	10	8
6	11	15	13	7	9	14	10	12	16	8	6
10	15	19	17	11	13	18	14	16	20	12	10
7	12	16	14	8	10	15	11	13	17	9	7
2	7	11	9	3	5	10	6	8	12	4	2
5	10	14	12	6	8	13	9	11	15	7	5
9	14	18	16	10	12	17	13	15	19	11	9
4	9	13	11	5	7	12	8	10	14	6	4
1	6	10	8	2	4	9	5	7	11	3	1

〔一番大きい数〕
15 + 19 + 16 + 14
= 64

〔一番小さい数〕
11 + 5 + 2 + 4
= 22

スクリーン 100 マス ②

+	6	10	5	3	2	8	9	4	7	1	+
9	15	19	14	12	11	17	18	13	16	10	9
6	12	16	11	9	8	14	15	10	13	7	6
5	11	15	10	8	7	13	14	9	12	6	5
1	7	11	6	4	3	9	10	5	8	2	1
4	10	14	9	7	6	12	13	8	11	5	4
3	9	13	8	6	5	11	12	7	10	4	3
8	14	18	13	11	10	16	17	12	15	9	8
10	16	20	15	13	12	18	19	14	17	11	10
2	8	12	7	5	4	10	11	6	9	3	2
7	13	17	12	10	9	15	16	11	14	8	7

〔一番大きい数〕
16 + 18 + 19 + 11
= 64

〔一番小さい数〕
8 + 4 + 3 + 6
= 21

スクリーン100マス ③

―	11	20	17	12	19	16	14	18	13	15	―
8	3	12	9	4	11	8	6	10	5	7	8
4	7	16	13	8	15	12	10	14	9	11	4
9	2	11	8	3	10	7	5	9	4	6	9
5	6	15	12	7	14	11	9	13	8	10	5
6	5	14	11	6	13	10	8	12	7	9	6
1	10	19	16	11	18	15	13	17	12	14	1
10	1	10	7	2	9	6	4	8	3	5	10
3	8	17	14	9	16	13	11	15	10	12	3
2	9	18	15	10	17	14	12	16	11	13	2
7	4	13	10	5	12	9	7	11	6	8	7

〔一番大きい数〕
14 ＋ 18 ＋ 15 ＋ 13
＝ 64

〔一番小さい数〕
11 ＋ 4 ＋ 6 ＋ 8
＝ 29

スクリーン100マス ⑤

×	10	1	5	2	8	7	3	6	9	4	×
6	60	6	30	12	48	42	18	36	54	24	6
3	30	3	15	6	24	21	9	18	27	12	3
9	90	9	45	18	72	63	27	54	81	36	9
2	20	2	10	4	16	14	6	12	18	8	2
8	80	8	40	16	64	56	24	48	72	32	8
5	50	5	25	10	40	35	15	30	45	20	5
1	10	1	5	2	8	7	3	6	9	4	1
7	70	7	35	14	56	49	21	42	63	28	7
10	100	10	50	20	80	70	30	60	90	40	10
4	40	4	20	8	32	28	12	24	36	16	4

〔一番大きい数〕
63 ＋ 60 ＋ 90 ＋ 36
＝ 249

〔一番小さい数〕
5 ＋ 10 ＋ 1 ＋ 7
＝ 23

スクリーン100マス ④

―	18	14	16	12	19	15	11	17	13	20	―
10	8	4	6	2	9	5	1	7	3	10	10
4	14	10	12	8	15	11	7	13	9	16	4
7	11	7	9	5	12	8	4	10	6	13	7
2	16	12	14	10	17	13	9	15	11	18	2
6	12	8	10	6	13	9	5	11	7	14	6
9	9	5	7	3	10	6	2	8	4	11	9
1	17	13	15	11	18	14	10	16	12	19	1
3	15	11	13	9	16	12	8	14	10	17	3
8	10	6	8	4	11	7	3	9	5	12	8
5	13	9	11	7	14	10	6	12	8	15	5

〔一番大きい数〕
18 ＋ 14 ＋ 9 ＋ 16
＝ 57

〔一番小さい数〕
5 ＋ 11 ＋ 6 ＋ 2
＝ 24

リサーチ100マス ①

＋	2	4	3	10	9	5	1	8	7	6	＋
5	7	9	8	15	14	10	6	13	12	11	5
2	4	6	5	12	11	7	3	10	9	8	2
9	11	13	12	19	18	14	10	17	16	15	9
3	5	7	6	13	12	8	4	11	10	9	3
7	9	11	10	17	16	12	8	15	14	13	7
6	8	10	9	16	15	11	7	14	13	12	6
1	3	5	4	11	10	6	2	9	8	7	1
8	10	12	11	18	17	13	9	16	15	14	8
4	6	8	7	14	13	9	5	12	11	10	4
10	12	14	13	20	19	15	11	18	17	16	10

リサーチ 100 マス ②

−	16	14	20	18	12	19	17	15	13	11	−
3	13	11	17	15	9	16	14	12	10	8	3
8	8	6	12	10	4	11	9	7	5	3	8
4	12	10	16	14	8	15	13	11	9	7	4
6	10	8	14	12	6	13	11	9	7	5	6
9	7	5	11	9	3	10	8	6	4	2	9
5	11	9	15	13	7	14	12	10	8	6	5
2	14	12	18	16	10	17	15	13	11	9	2
10	6	4	10	8	2	9	7	5	3	1	10
7	9	7	13	11	5	12	10	8	6	4	7
1	15	13	19	17	11	18	16	14	12	10	1

リサーチ 100 マス ④

×	7	8	9	4	6	3	5	2	10	1	×
6	42	48	54	24	36	18	30	12	60	6	6
4	28	32	36	16	24	12	20	8	40	4	4
1	7	8	9	4	6	3	5	2	10	1	1
5	35	40	45	20	30	15	25	10	50	5	5
2	14	16	18	8	12	6	10	4	20	2	2
7	49	56	63	28	42	21	35	14	70	7	7
9	63	72	81	36	54	27	45	18	90	9	9
3	21	24	27	12	18	9	15	6	30	3	3
10	70	80	90	40	60	30	50	20	100	10	10
8	56	64	72	32	48	24	40	16	80	8	8

リサーチ 100 マス ③

×	10	8	3	5	1	6	7	4	9	2	×
2	20	16	6	10	2	12	14	8	18	4	2
8	80	64	24	40	8	48	56	32	72	16	8
3	30	24	9	15	3	18	21	12	27	6	3
5	50	40	15	25	5	30	35	20	45	10	5
10	100	80	30	50	10	60	70	40	90	20	10
4	40	32	12	20	4	24	28	16	36	8	4
7	70	56	21	35	7	42	49	28	63	14	7
1	10	8	3	5	1	6	7	4	9	2	1
6	60	48	18	30	6	36	42	24	54	12	6
9	90	72	27	45	9	54	63	36	81	18	9

リサーチ 100 マス ⑤

×	5	1	2	7	4	9	8	6	3	10	×
8	40	8	16	56	32	72	64	48	24	80	8
1	5	1	2	7	4	9	8	6	3	10	1
5	25	5	10	35	20	45	40	30	15	50	5
2	10	2	4	14	8	18	16	12	6	20	2
9	45	9	18	63	36	81	72	54	27	90	9
3	15	3	6	21	12	27	24	18	9	30	3
10	50	10	20	70	40	90	80	60	30	100	10
7	35	7	14	49	28	63	56	42	21	70	7
4	20	4	8	28	16	36	32	24	12	40	4
6	30	6	12	42	24	54	48	36	18	60	6

【100マス計算　ヒント】

「100マス計算」は、たての列の数と横の列の数を交差するマスに計算してかいていく学習法です。

★共通
・左右のたての列の数は1マス計算するたびに見るのではなく、新しい列を計算する初めのときだけ見るようにする

★たし算
・10以上の数にくり上がる計算は、どちらかの数を分解し、10のかたまりを作る
（例）7＋6＝<u>13</u>では、①と②の方法
① 6は3と3に分解、7＋3＝10
② 7は4と3に分解、6＋4＝10
　　→残りの3と10をたして、<u>13</u>

★ひき算
・10以下の数にくり下がる計算では、ひく数にたすと10になる数とひかれる数の一の位をたす
（例）13－6＝<u>7</u>では、
　6にたすと10になる数は、4
　　→13の一の位の3と4をたすと、<u>7</u>

★かけ算
・九九の習熟が一番の近道。となえながらとく

【ダウト100マス　ヒント】

マスに答えが書かれてあるけれども、まちがいがまぜられている100マス計算。ただの計算力だけでなく、たしかめ算をする力、よく数字を見て答え合わせをする力がつきます。

★共通
・まちがいを見つける方法として、いくつかのパターンが考えられる

① 100マス方式
いつも通りの100マス計算として計算し、答えがちがうところをさがす

② たしかめ算方式
答えのマスにかかれてある数と、左右にならぶたての列の数を計算し、横の列の数にならない数をさがす
（上記の逆の横の列の数との計算もあり）

③ まちがえ見つけ方式
同じ列に同じ数がないか、などでさがす
（ただし、同じ数がなくともまちがいがある可能性がある）

など。

【ブランク100マス　ヒント】

横の列の数がぬけており、中のマスにいくつか答えが書かれてある100マス計算。100マス計算のルールから、あてはまる残りの数字を思考し、たしかめ算をする力がきたえられます。

★共通
・各列で同じ数字は使えない
・あたえられた数からわかることを考える
・たしかめ算を活用する
　たし算であれば、ひき算で考える
　ひき算であれば、たし算で考える
　かけ算であれば、九九で考える
　（もしくは、わり算）
・横の列にも中のマスにも数がなく、たての列の数しかわからないときは、まずはわかるところまで他のマスをうめる。そして、何の数字をつかったかかくにんする

【アニマル100マス　ヒント】

たての列と横の列、中の数をどうぶつが
かくしてしまっている100マス計算。
100マス計算のルールをさらに理解でき、
かくれた数字を思考する力がきたえられ
ます。

★共通
・まず、あたえられた数からこれしかない
という数を考える
・たてと横の列で同じどうぶつが交差する
場所は、同じ数を計算している
・計算などをしてわかる数を入れていく
と、残りの空きマスも考えやすくなる

★たし算（アニマル100マス①の場合）
・20は、10＋10なので、10はねこ
・18は、10＋8、9＋9が考えられるが、
さるの列にある18は、ねこがいる列で
はないので、9＋9の18だとわかる
・16は、10＋6、8＋8、9＋7が考え
られるが、ねことさるの列ではないので、
いぬは8、など

★ひき算
・0は、10－10。18は、19－1など
★かけ算
・100は、10×10。81は、9×9など

【プラスワン100マス　ヒント】

通常通り計算をしたあと、その答えに1
をたす100マス計算。ただの100マス
計算の答えに＋1をすることで3つの数
を計算するので、複雑な暗算の土台や、
計算の順序を理解する力、たしかめ算を
する力がきたえられます。

★共通①
・100マス計算の答えはメモせず、あく
までも頭の中で＋1することが大事

★たし算とひき算
・たし算は、3つの数のたし算。
・ひき算は、ひき算とたし算の複合問題に
なる

★共通②
・実は、たし算のときは、たての列の数か
横の列の数にあらかじめ1をたしてから
計算すると簡単に計算できる
（ひき算のときは、たての列の数から1を
ひくか、横の列の数に1をたして計算す
ると、正しい答えになる）
・ただし、かけ算は最後に＋1をしない
と、答えがかわってしまうので注意

【クロック60マス　ヒント】

横の列の数が数字ではなく、時計になっ
ている100マス計算。時計のはりの動き
や数字の移り変わりなどがわかり、時計
を読む力がきたえられる。

★共通
・左右にならぶたての列の数を見てから、
各列の時計の短いはりがどう動くかを考
える
・計算した後、時計のめもりを数えてかく
にんする

★たし算
・12時から1時間たつと、13時という
書き方もあるが、ここでは時計のはりが
さす時間を書くので、1時とする

★ひき算
・5時から6時間さかのぼると、11時に
なる
（通常5－6は計算できないが、時間と
してなら計算できる）

【スクリーン 100 マス　ヒント】

　求められたかこい方でいくつかのマスをかこい、その数を合計した数が一番大きくなる数と一番小さくなる数をさがす 100 マス計算。たしかな計算力と、2 けたのたし算をする力が求められます。

★一番大きい数
・まずは、たての列と横の列の数を見て答えに書いたなるべく大きい数に注目する
・ただし、かこい方が決まっているので、答えの中で一番大きい数をふくむとは限らない

★一番小さい数
・まずは、たての列と横の列の数を見て答えに書いたなるべく小さい数に注目する
・ただし、かこい方が決まっているので、答えの中で一番小さい数をふくむとは限らない

★共通
・これだと思う組み合わせを見つけても、周りを何度も見直す。さらにふさわしい数になる組み合わせがないかをさがす

【リサーチ 100 マス　ヒント】

　どうぶつたちの話を聞いて、ぬけている横の列の数を思考してさがす 100 マス計算。書いてある文章を理解する力と「何番目」などの算数的な力もきたえられます。

★共通
・「一番はしの数」のように、左右どちらかのはしにその数が入ることがわかったら、そのマスの上に候補になる数を小さく書いておくことで、後が考えやすくなる
・「左から」や「右から」は始点に注意
・「右から 3 番め」と「右側の 3 マス」では、示している場所がちがう「3 番め」は 3 番めの数のみ。「右側の 3 マス」は、3 マスすべてを示している
・「真ん中の 2 マス」も真ん中には 2 マスあるので、それぞれのマスの上に候補としてメモしておく

など

考える力がつく！ 100マス計算 　中級

2022年1月30日　初版発行

著　者　フォーラム・A編集部

発行者　面　屋　尚　志

企　画　清　風　堂　書　店

発行所　フ　ォ　ー　ラ　ム・A

〒530-0056　大阪市北区兎我野町15-13
電話（06）6365-5606
FAX（06）6365-5607
振替　00970-3-127184
http://www.foruma.co.jp/

制作編集担当・田邉光喜

表紙デザイン・ウエナカデザイン事務所

印刷・製本・㈱光邦